INCONVENIENS
DES
FOSSES D'AISANCES.

POSSIBILITÉ DE LES SUPPRIMER;

Et nouveau Moyen très-économique & très-ſimple de contenir & exporter les matières, ſans qu'elles ſoient vues ni ſenties.

Par M. GOULET, Architecte.

BIBLIOTHÈQUE NATIONALE · RF

Prix, 24 ſols broché.

A YVERDON;

Et ſe trouve à PARIS,

Chez { L'AUTEUR, rue Quincampoix, nº 65.
DIDOT le jeune, Libraire, quai des Auguſtins.
HARDOUIN, au Palais royal.

M. DCC. LXXXV.

INCONVENIENS DES FOSSES D'AISANCES,

Et moyens de les supprimer.

LES recherches multipliées dont se sont occupés depuis long-tems différens citoyens animés du bien public, pour parvenir à vider les Fosses d'aisances d'une manière moins incommode aux habitans de cette capitale, & moins dangereuse à la santé & à la vie même des malheureux qui se dévouent à ce funeste emploi : la vigilance du Magistrat toujours prompt à saisir les découvertes qui ont été faites en ce genre, & dont le zèle l'a porté à faire examiner les nouveaux procédés par des hommes éclairés en Chimie (1) pour s'en aſſurer le ſuccès par leur rapport, par celui de l'Académie même : enfin, la protection ſpéciale du Roi, dont l'amour pour tous ſes ſujets s'eſt viſiblement manifeſté dans ces occaſions, en aboliſſant la méthode des anciens Vidangeurs, & en accordant aux nouveaux Entrepreneurs de ce travail, un privilège excluſif pour la vidange des Foſſes d'aiſances, ſoumiſe aux nouveaux procédés qu'ils ont préſentés ; privilège qui leur a été accordé, ſans doute, comme une eſpèce de récompenſe du ſervice important qu'ils rendoient au public.

Toutes ces conſidérations prouvent aſſez combien cet objet a paru intéreſſant ; combien la vidange des Foſſes

(1) MM. Cadet, Parmentier & Laborie, tous trois auſſi célèbres par leurs connoiſſances en Chimie, que par le zèle infatigable qu'ils ont montré dans le grand nombre de leurs expériences ſur un objet auſſi rebutant

d'aisances est sujette à des inconvéniens sans nombre & inévitables, puisqu'elle n'est pas encore exempte de reproche; & enfin, combien l'Auteur de ce nouveau projet sera au moins excusable, si, après avoir mis sous les yeux du public ses réflexions & ses moyens, il ne réussit pas encore à le délivrer d'un vice habituel aussi DÉSAGRÉABLE A TOUS LES SENS, que PERNICIEUX A LA SANTÉ & COUTEUX AUX PROPRIÉTAIRES DES MAISONS.

Il lui paroît aussi certain que facile d'éviter entièrement les deux premiers inconvéniens, en diminuant beaucoup le troisième.

Le plus grand obstacle qu'il ait à surmonter, c'est l'habitude. C'est le plus grand ennemi de tous les hommes, & le plus difficile à vaincre : nous aimons mieux rester toute la vie esclaves d'une habitude qui nous est funeste, que de lui résister une fois pour nous en affranchir.

Soit auſſi que l'amour-propre répugne à convenir qu'on s'eſt trompé, quoiqu'une longue ſuite d'années le démontre par le plus mauvais ſuccès, la nouveauté ſemble toujours déplaire; & pour peu que quelques intérêts particuliers s'y oppoſent, ils ſuffiſent ſouvent pour empêcher les nouveaux établiſſemens, quoique bien ſupérieurs aux anciens.

Cependant il en faut convenir; ſi l'on n'avoit jamais admis rien de nouveau, nous ſerions encore dans une ignorance digne de la barbarie des premiers ſiècles.

Dans l'objet dont il s'agit, le public ne retire pas ſans doute tous les avantages qu'il eſpéroit de cette nouvelle manière de vider les Foſſes, mais il ne doit pas en accuſer les Entrepreneurs.

Le grand nombre d'articles dont eſt compoſé l'ordre de régie de cette entreprise, revêtu de l'autorité du Magistrat, & qu'ils ont rendu public, est bien la preuve évidente du desir qu'ils ont eu d'atteindre à la perfection de cet établissement, & tout à la fois de l'impossibilité d'y parvenir, par tous les inconvéniens de détail qu'on s'est efforcé de prévoir, mais que la pratique n'évitera jamais entièrement.

Les matières fécales qui, par leur nature, soulèvent presque tous les sens, lorsqu'elles ont séjourné des années dans un lieu privé de circulation d'air, lorsque ce lieu en contient assez pour employer plusieurs jours à le vider, & qu'elles ont acquis par la fermentation un degré de putréfaction encore plus actif & plus dangereux, ne peuvent être sorties de ce lieu, transvasées à plusieurs fois dans un nombre de petits vaisseaux, remontées d'une profondeur considérable, transportées dans presque toute l'étendue d'une maison, & enfin, chargées & voiturées tout le long de la ville, ſans qu'on n'en ſoit fortement incommodé.

Il eſt bien vrai que les moyens qu'on vient d'imaginer de conſtruire ſur l'ouverture des Foſſes que l'on veut vider, une chambre cloſe dans laquelle ſont établis des ſoufflets qui renouvellent l'air, en même tems que le feu l'épure, procurent le double avantage de rendre aux ouvriers le travail moins dangereux, & d'en cacher aux yeux la manutention, en ce que les tinettes étant emplies dans cette chambre, elles n'en doivent ſortir que bien bouchées & ſcellées, pour être chargées & enlevées auſſitôt.

Mais cette théorie, toute ingénieuſe qu'elle eſt, ne peut preſque jamais s'appliquer à l'exécution, comme l'expérience le prouve, puiſqu'on n'emploie déja plus ces moyens que très-rarement dans les vidanges qui ſe font actuellement, & dont voici les raisons.

Un nombre de maisons à Paris sont si petites, que leur entrée principale suffit à peine pour passer un homme; & les dessous d'escaliers de ces maisons, où sont ordinairement placées les ouvertures des Fosses, étant en raison du local, ne permettent pas d'y établir ces machines : d'autres plus grandes sont disposées d'une manière qui est tout-à-fait contraire; & dans celles qui le permettroient, on s'en dispense autant qu'il est possible, parce que le prix de la toise cube, quoique déja fort cher, ne suffit pas encore à l'établissement d'une aussi grande quantité de ces machines, & à leur entretien, non plus qu'à la dépense qu'exigeroit un feu continuel assez considérable pour dénaturer ces matières, & convertir en soufre, comme on se l'est proposé, les vapeurs méphitiques qui s'en exhalent.

D'où il ſuit que les ouvriers qui ſont toujours privés de ces ſecours utiles, ſe trouvent expoſés aux mêmes périls, & encore à de plus grands qu'avant, par les défenſes qu'on leur fait, de ſe montrer au-dehors, malgré l'extrême beſoin qu'ils ont d'y prendre l'air ; que d'ailleurs, les tinettes ſont emplies à la vue des habitans de la maiſon ; qu'elles ſont ſi petites, qu'il en faut étaler un grand nombre dans toute la maiſon, & juſques dans la rue ; qu'étant de bois, elles ſont tellement imprégnées des matières qu'elles contiennent journellement, que vides comme pleines, elles répandent fort loin leur mauvaiſe odeur, & que dans les tems de ſéchereſſe, lorſqu'elles ſont expoſées au ſoleil, elles filtrent le long des rues par les joints des douves qui ſe ſont ouverts.

Et comme il faut auſſi que des hommes libres aient preſque perdu le ſens & la raiſon pour ſe livrer volontiers à ce triste état, qui (en le supposant indispensable) devroit être le partage des criminels ; ces hommes naturellement abrutis par ce genre de travail, & par l'ivresse qui leur est nécessaire pour s'y résoudre chaque jour, sont absolument incapables de toute espèce d'ordre, de soins & d'attention.

On l'a bien senti vraisemblablement, puisqu'on a établi dans chaque atelier un commis sédentaire pour veiller à tous ces détails, lequel est surveillé lui-même par d'autres ambulans, qui ont aussi leurs supérieurs, & dont la subordination parvient par degré jusqu'au directeur en chef du bureau, généralement chargé de toute l'immensité de ce district.

Mais il est aisé d'appercevoir combien cette espèce de constitution doit engendrer d'abus inévitables dans la pratique.

La compagnie connue sous le nom

de *Ventilateur*, eſt compoſée d'un grand nombre d'intéreſſés au ſuccès de l'entrepriſe ; mais aucun de ces intéreſſés, malgré les meilleures vues, n'a ni le tems, ni les moyens convenables, ni les connoiſſances acquiſes pour s'en occuper utilement, parce qu'aucun d'eux n'eſt vidangeur, comme il faut l'être pour conduire & commander des ouvriers vidangeurs ; ce ſont, proprement dit, des actionnaires qui n'ont d'intérêt à la choſe, qu'en raiſon de leur miſe dans l'affaire, qui, ſi elle réuſſit, leur produira un bénéfice ; & ſi elle ne réuſſit pas, ſera pour chacun d'eux, ce qu'eſt à-peu-près la perte d'un billet de loterie.

Or, on ſent aiſément que pour de foibles intérêts, on prend de foibles ſoins.

Cette compagnie a néanmoins établi un bureau de régie, dont le directeur eſt ſans doute lui-même intéreſſé, &

doit l'être plus que tous les autres; mais le directeur d'une pareille entreprise, avec tous les talens qu'on peut lui supposer, est bien assez chargé des soins de son bureau, c'est-à-dire, de ses registres; des déclarations du public, qui sont sans nombre; de la paie des ouvriers; des chevaux & de leur nourriture; des voitures; de la construction & entretien des machines & ustensiles; de la production des mémoires; de sa recette & dépense; de ses comptes envers sa compagnie; & en un mot, de tout ce qui se passe dans son bureau, & qui intéresse la compagnie seulement. Mais pour tout ce qui se passe au-dehors & qui intéresse le public, comme le nombre des ouvriers nécessaires dans chaque atelier, le tems qu'ils y emploient ou qu'ils y perdent, la manière dont ils s'y comportent, l'arrivée des voitures à tems convenable, ou leur retardement, l'emploi des machines, charbon & uſtenſiles, la célérité ou la négligence qu'on apporte dans la manutention, la juſteſſe des toiſés, le devoir des commis, & cela dans tous les quartiers de la ville à la fois, il lui eſt impoſſible d'en prendre connoiſſance.

Il eſt donc forcé ſur tous ces objets eſſentiels au ſervice public, qui ſont l'ame & le ſoutien des intérêts de la compagnie, puiſque tout le travail du bureau ne ſert qu'à lui en montrer le réſultat, de s'en rapporter à tous ces commis ſubalternes, dont les lumières, l'intérêt & le zèle ſont communément bornés, comme leurs appointemens, & qui ne ſont, pour la plupart, que des ouvriers parvenus, bien plus les égaux & les amis de ceux qu'ils commandent, que des membres de la compagnie qui les paie, & qu'ils n'ont jamais vus ; & outre que cette multiplicité de commis eſt très-coûteuſe à la compagnie, parce qu'il en faut toujours un dans chaque atelier où il n'y a ſouvent que quatre ou cinq hommes à conduire, elle ne remplit même pas ſon objet : car cette gradation de ſupériorité qui deſcend comme par échelons, depuis le premier commis qui peut être un homme honnête, juſqu'au dernier qui ſouvent eſt vil & abject, laiſſe ſi peu de différence entre chacun d'eux, vu ſucceſſivement à ſa place, qu'ils ne peuvent avoir l'un ſur l'autre que des nuances d'autorité preſque imperceptibles ; que par conſéquent, les fautes & les infidélités ſont toujours ignorées du chef intéreſſé à les réprimer, & que le déſordre peut s'en ſuivre.

Il faut néceſſairement, au contraire, que des ouvriers ſoient vus & commandés directement par un homme bien ſupérieur en capacité, en intérêt, & même en fortune, pour qu'ils lui obéiſſent ; & ſi l'Entrepreneur d'une grande affaire, a quelquefois un ou pluſieurs commis pour inſpecter ſes ouvriers en ſon abſence, & ordonner des détails dont il ne peut s'occuper ; il a lui-même ſi ſouvent l'inſpection générale ſur les uns & les autres, qu'il les contient toujours chacun dans leur devoir ; au lieu que celui du Ventilateur qui ſeroit déplacé hors de ſon bureau, parce que c'eſt uniquement ſon état, & que d'ailleurs il l'occupe tout entier, ne voit jamais rien que par les yeux d'autrui.

Le privilège excluſif accordé à cette compagnie, eſt encore un très-grand obſtacle au ſervice public, & eſt pour elle un peſant fardeau, ſous lequel elle doit ſuccomber ; c'eſt peut-être le premier exemple, qu'un bienfait du Roi ſoit devenu funeſte au ſujet qui l'obtient. En effet, le ſervice de tout Paris eſt très-étendu, les demandes des particuliers très-fréquentes, & le beſoin de chacun ſi preſſant, qu'à l'inſtant qu'il ſe manifeſte,

manifeste, on voudroit, non-seulement être servi, mais avoir été prévenu, parce que tantôt ce sont les matières qui soulèvent la voûte, ou qui s'épanchent par-dessus dans la maison & l'infectent; tantôt elles passent chez les voisins à travers les murs; tantôt enfin, la vétusté de ces fosses menace la maison & ceux qui l'habitent, du péril le plus éminent; ensorte que dans tous les cas ces opérations sont toujours très-pressantes à faire.

Cependant il est de fait, & l'expérience le prouve tous les jours, qu'on ne peut avoir d'ouvriers de ce bureau, que plus de quinze jours, & souvent un mois après l'avis qu'il en a reçu : d'où il faut conclure qu'il manque de moyens quelconques, mais nécessaires pour y suffire.

Il semble qu'un privilège exclusif ne devroit jamais être accordé pour une nouvelle découverte, quelque sublime

& importante qu'elle ſoit, lorſqu'elle a pour objet un beſoin public, auſſi urgent, auſſi général & auſſi multiplié que celui dont il s'agit; car s'il arrivoit, par exemple, que quelqu'un inventât un moyen ſupérieur à celui actuel, de faire ou de cuire le pain, & qu'il obtînt pour ſa découverte le privilège de le fournir ſeul à tout Paris, ce ſeroit la ſource du plus grand déſordre, & on y verroit bientôt la famine & la révolte. Ce n'eſt pas que l'auteur, qui a appliqué ſes talens & ſes veilles à un objet utile, ne mérite plus que tout autre d'en recevoir l'honneur & tous les avantages; mais c'eſt que cet homme de génie, & fait pour inventer, dès qu'il eſt chargé d'un privilège excluſif, ſe trouve avoir contracté l'engagement de faire à lui ſeul pour le public tout ce qui ſe faiſoit par un grand nombre d'autres; il faut qu'il devienne tout-à-coup fabriquant, négociant, financier; qu'il se livre à une manutention & à un district immense, qui n'est point de son ressort, & qui l'empêche, ou de perfectionner sa découverte si elle en est susceptible, ou d'en faire de nouvelles. C'est que cet homme, en vertu de son privilège qui exclut tous concurrens, & qui oblige les particuliers à l'employer seul dans un besoin général & pressant, ne sert qu'à accroître & prolonger ces mêmes besoins, en ralentissant le service; ce qui fait que le public qui avoit droit d'attendre un très-grand avantage d'une belle découverte, loin d'y gagner, y perd, & que l'inventeur y succombe.

Ne seroit-il pas plus avantageux pour l'un & pour l'autre, lorsqu'un homme auroit inventé ou perfectionné quelque chose d'utile à ses concitoyens dans les sciences ou dans les arts mécaniques, que ceux dont la profession seroit de mettre ces découvertes à exécution pour l'avantage du public, y fuſſent tous employés, à la charge par eux d'un droit ou d'une rétribution envers ſon auteur, qui ſeroit fixée par le gouvernement, pour un tems & en proportion de ſon mérite; de manière, par exemple, que ſur chacune des machines, inſtrumens ou pièces mécaniques de ſon invention, qui ſeroit vendue au public, le marchand ou le fabriquant fût forcé avant de le livrer, d'y faire mettre par l'auteur ſon approbation, comme une eſpèce de ſceau ou de contrôle, pour lequel il lui ſeroit payé un droit quelconque; & dans le cas de fraude, que cet auteur fût autoriſé à ſaiſir & revendiquer à ſon profit tout ce qui ne ſeroit pas revêtu de ſon attache, & le contrevenant condamné à des peines proportionnées.

Il en réſulteroit de fort grands avantages:

Que l'auteur ſe trouveroit convenablement récompensé par ceux-mêmes qui jouiroient de sa découverte ; qu'elle ne pourroit être altérée ou défigurée, puisque l'exécution en seroit soumise à son examen ; qu'il auroit le loisir & la faculté de la perfectionner, si elle en étoit susceptible, ou d'exercer son génie inventif sur d'autres objets ; que chaque découverte ajoutant de l'étendue ou une branche de plus au commerce du marchand ou artisan dont ce seroit le genre, trouveroit moins d'opposition à être adaptée & mise en usage ; & que le public qui ne pourroit être trompé en n'achetant que ce qui seroit avoué de l'auteur, se le procureroit plus à son gré, plus promptement & plus sûrement.

Et comme l'amour-propre & la gloire animent bien plus encore nos artistes que l'intérêt, l'émulation entre eux, si utile aux progrès des Sciences & des Arts, se trouveroit encouragée & satisfaite, en ce que l'ouvrage nouveau nommeroit perpétuellement ſon auteur à la poſtérité, qui n'attribueroit plus à l'un, les productions de l'autre : témoin dans ce moment les ſuperbes lumières inventées par M. Lange, & qui portent d'autres noms par une erreur populaire.

Mais, pour terminer cette digreſſion peut-être trop longue & étrangère au ſujet, ſi la vidange des Foſſes d'aiſance entraîne beaucoup d'inconvéniens abſolument inévitables, comme on vient de le voir, l'exiſtence même de ces Foſſes qui en eſt la ſource, & le ſéjour continuel des matières & urines dans des réſervoirs qui ſont preſque tous incapables de les contenir, & qui ſont en auſſi grand nombre à Paris, eſt bien plus préjudiciable encore, & occaſionne des inconvéniens, & même des dangers qui paroiſſent avoir peu fixé l'attention juſqu'à préſent, mais qui n'en sont que plus sérieux & plus importans dans leurs suites.

En général les différentes manières dont se construisent les Fosses d'aisances, & les matériaux qu'on emploie à ces constructions, sont très-peu propres à remplir leur objet.

Nous ne connoissons que le métal, la terre cuite & le verre, qui soient capables de renfermer sûrement & long-tems les liquides.

Que peut-on donc attendre d'un assemblage de petits moellons qui sont par leur nature tout à la fois poreux, spongieux, & par conséquent très-pénétrables ? & quand il s'en trouveroit qui ne le seroient pas, peut-on compter sur les agens qu'on emploie à les unir, qui ont eux-mêmes tous ces défauts, & dont la perfection dépend d'abord de la bonne méthode de les employer (qui est la moins en usage), & de l'attention la plus exacte & la plus ſoigneuſe dans la manutention, dont peu d'ouvriers ſont capables; car dans la conſtruction d'une Foſſe d'aiſance, il ne faut qu'une ſeule diſtraction d'un inſtant pour tout manquer, parce qu'il ne faut qu'un ſeul joint qui ne ſoit pas très-parfaitement rempli, pour cauſer un épanchement plus ou moins conſidérable; & ce défaut, quand il a lieu, eſt toujours irréparable, parce qu'il eſt toujours caché.

Il y en a cependant quelques-unes qui, à la vérité, ſont devenues coûteuſes, que l'expérience a démontrées parfaites; mais auſſi oſeroit-on aſſurer qu'une perfection d'un tel genre, n'eſt pas plutôt l'effet du haſard, quant à la pratique & à ce qui dépend de l'ouvrier, que d'une attention ſoigneuſe & réfléchie? L'expérience ne prouve que trop qu'il y en a beaucoup plus de mauvaiſes que de bonnes, & peut-être juſqu'à cent pour une.

Lorsque ces Fosses défectueuses sont très-profondément enfoncées en terre, les filtrations se font à travers les veines de terre, qui sont mieux disposées à les recevoir, & corrompent au passage les sources d'eau qui s'y rencontrent, ou la nappe qui fournit à tous les puits des environs : lorsqu'elles sont moins enfoncées, ces filtrations se font, non-seulement dans les puits d'une manière plus directe, mais aussi dans les caves & chez les voisins.

De-là, cette foule de procès entre les propriétaires voisins, lesquels deviennent toujours graves, longs & difficiles à juger, parce que celui qui souffre & qui a droit de se plaindre, ne sait jamais bien à qui il doit s'adresser, qu'il n'attaque son voisin que sur de simples présomptions, & qu'il lui est aussi difficile de lui prouver son tort, qu'il est facile à l'autre de s'en défendre, parce que la source du mal est presque toujours trèscachée, & que les opérations néceſſaires pour la découvrir ſont ſi diſpendieuſes, qu'il arrive preſque toujours, qu'après avoir long-tems plaidé ſans fruit, on eſt obligé, pour terminer un procès inquiétant, de payer des frais déja conſidérables, & d'abandonner ſon puits qui étoit originairement très-bon & très-utile.

Combien de maiſons à Paris ſont actuellement dans ce cas ! Combien de puits ſont gâtés & corrompus par le nombre immenſe des Foſſes qui les entourent ! & quelle privation n'eſt-ce pas pour chaque maiſon en particulier, ſoit pour le ſervice des cuiſines & des écuries, ſoit pour un nombre de profeſſions qui en font grand uſage, & notamment les Boulangers !

Quelle privation de ſecours auſſi pour le public en général dans les incendies, & dans les tems de chaleur pour le rafraîchiſſement des cours & des rues;

objet qui a paru si intéressant, qu'on en a fait un devoir de police !

Il y a des Fosses qu'on ne vide jamais, parce que la partie la plus liquide des matières s'épanche dans les terres, & que le surplus se convertit en terreau, & perd par l'évaporation beaucoup de son volume.

Assez ordinairement ces sortes de Fosses sont fort grandes & peu pratiquées, & elles ont quelques communications imperceptibles de l'air du dedans avec celui du dehors, ou seulement avec une grande cave qui se trouve au-dessus, qu'on n'occupe point, & que souvent on ignore.

C'est cette circulation d'air, qui avec le tems opère ce travail, c'est-à-dire, qui cause cette destruction des matières; & dans ce cas, les voûtes en sont totalement dégradées, les moellons ne tiennent plus les uns aux autres, & leur chûte subite & imprévue, ont occaſionné ſouvent de grands accidens.

Il y a pluſieurs exemples faciles à citer, qu'une voûte de foſſe de cette eſpèce étant premièrement tombée à une époque inconnue ; la voûte de la cave au-deſſus eſt auſſi tombée par ſucceſſion de tems, & a fait appercevoir ſa chûte par des ouvertures qui ſe ſont faites au pavé du rez-de-chauſſée, & où pluſieurs perſonnes euſſent péri ſans des ſecours très-prompts.

Mais quels autres effets non moins dangereux, ne doivent pas produire généralement ſur tous les habitans de cette ville, ces amas énormes & ſi multipliés de matières & d'urines, auxquelles ſont encore mêlées d'autres corruptions, telles que les eaux croupies, les eaux de ſavon, les débris d'anatomie, les animaux morts, &c. dont toute l'évaporation ſe fait continuellement dans l'air que nous reſpirons, par les ſièges d'aiſances qui répondent dans l'intérieur des maisons & des appartemens.

Il est bien étonnant que nous ayons déja tant travaillé pour guérir un mal visiblement incurable, quand il est si facile de nous en préserver, & que nous ayons souffert aussi long-tems toutes ces incommodités, étant aussi instruits que nous le sommes, & aussi recherchés sur toutes nos aises, particulièrement à Paris, le centre de la délicatesse & des voluptés.

Un autre inconvénient de l'usage des Fosses d'aisances, c'est que périssant avec le tems, elles détruisent nécessairement avec elles les fondations des édifices; & lorsqu'il les faut reconstruire, la démolition de ces vieux murs pénétrés jusques au centre des moellons, & infectés de matières anciennes, qui ont acquis par leur séjour, & leur union avec la maçonnerie & les terres adjacentes, un caractère encore plus méphitique, jettent une exhalaison si insupportable & si dangereuse, que les ouvriers ont encore plus de peine à la soutenir que celle de la vidange.

Plusieurs ont péri subitement pour avoir été surpris par une forte vapeur qui les a suffoqués; & d'autres en ont perdu la vue, ou ont été affectés d'accidens également malheureux.

Pour parvenir à exporter ces décombres, il faut les charger dans des hottes & les porter dans la rue, où elles restent jusqu'à ce qu'un tombereau vienne les enlever.

Or, quel dégoûtant spectacle pour tous les passans, & quel supplice pour tous les voisins, notamment pour les marchands qui tiennent boutique ouverte, d'avoir continuellement pendant deux ou trois mois que durent ces ouvrages, la vue, l'odorat & le cœur malade par la présence de ces immondices, sans parler encore du tort que cela fait au commerce des gens de bouche, des marchands de dorure & autres !

Un autre inconvénient encore qui ne peut être regardé avec indifférence par le ministère public, & particulièrement par le Magistrat chargé du soin de la police, c'est que les Fosses d'aisances ont bien souvent servi de ressources aux malfaiteurs, qui, pour se soustraire aux poursuites de la justice, y ont caché & enseveli d'une manière prompte, commode & sûre, la preuve convaincante de leur crime ; souvent aussi des bijoux précieux y ont été perdus sans ressource.

Enfin, un dernier inconvénient de l'usage des Fosses d'aisances, c'est la forte dépense qu'elles occasionnent aux propriétaires des maisons, soit lors de leur établissement avec les bâtimens neufs, soit lors de leur reconstruction.

Elles ſont d'abord très-coûteuſes en elles-mêmes, à qui les veut bien faire; mais ſouvent elles occaſionnent la reconſtruction preſque totale des fondations des anciennes maiſons, & néceſſitent des étaiemens & des acceſſoires encore plus conſidérables.

Et loin que ces dépenſes qui abſorbent quelquefois pluſieurs années du revenu d'une maiſon, puiſſent ſervir à l'augmenter par la ſuite; au contraire, elles donnent lieu ſouvent à des indemnités que le propriétaire eſt forcé de payer à ſes locataires à cauſe de leur non-jouiſſance.

Il eſt donc bien démontré que l'uſage des Foſſes d'aiſances a principalement ces trois grands inconvéniens, d'être INSUPPORTABLE A TOUS LES SENS; PERNICIEUX POUR LA VIE OU LA SANTÉ, COUTEUX AUX PROPRIÉTAIRES DES MAISONS.

Le détail qui vient de paſſer rapidement ſous les yeux, en offre encore beaucoup

beaucoup d'autres ; & sans être aucunement exagéré, il présente le tableau d'un établissement vicieux dans presque tous ses points, & pour toutes les classes de citoyens.

Quel peut donc être le motif qui en a introduit l'usage ; & quelle raison a pu porter à en imposer la loi ? si ce n'est une sorte d'erreur dans laquelle est tombé le Législateur, & qui paroît actuellement toute contraire au sens naturel & à la raison.

En effet, on lit dans la Coutume de Paris, article 193, que » tous propriétaires de maisons en la ville & fauxbourgs de Paris, sont tenus d'avoir latrines & privés suffisans en leurs maisons. « Auquel article les Commentateurs ont ajouté : » Pour l'intérêt public, tant pour la commodité des habitans des maisons, que pour la netteté des rues, & pour empêcher que les excrémens n'infectent l'air. «

Tant il eſt vrai qu'un principe faux engendre toujours de fauſſes conſéquences !

Mais ſi cet article avoit dit au contraire, qu'il eſt défendu à tous propriétaires de maiſons en la ville & fauxbourgs de Paris, d'avoir latrines & privés ſuffiſans pour garder & amaſſer les excrémens pendant plus de huit jours dans leurs maiſons, ce que les Commentateurs ont ajouté, l'eût été bien plus judicieuſement ; & cette loi eût effectivement procuré la commodité des habitans, la netteté des rues & la ſalubrité de l'air ; au lieu qu'en ordonnant ces affreux cloaques, ils n'ont ſervi qu'à fouiller la terre, corrompre l'eau & infecter l'air, & par une ſuite néceſſaire, altérer & détruire notre exiſtence, en corrompant ainſi les élémens auxquels ſeuls nous la devons.

Et ſi tous ces malheureux effets pourtant ſi faciles à ſentir & à réformer, ont pour cause une erreur ; ils n'ont subsisté jusqu'à présent que par la force de l'habitude, que l'exemple & le tems rendent insurmontable.

Hâtons-nous donc de quitter une fois cette habitude si funeste.

Profitons des lumières de notre siècle, qui sait rejeter avec sagesse un ancien usage lorsqu'il est vicieux, pour en adopter un meilleur quand il se présente.

Répondons aux vues bienfaisantes de notre Souverain, qui protége avec bonté tout ce qui peut contribuer à l'avantage de ses sujets ; & comptons aussi fermement sur l'appui de ses Ministres, qui nous prouvent maintenant plus que jamais combien le même esprit les anime pour le bien public, au préjudice même, quand il le faut, des intérêts particuliers qui peuvent y être contraires.

Le moyen sûr, que propose le sieur

Goulet, pour parer entièrement, comme il l'a annoncé, à tous les inconvéniens des Foſſes d'aiſances, eſt ſi ſimple & ſi naturel, qu'il ſe préſente de ſoi-même : auſſi eſt-ce moins à l'invention de ce moyen qu'il prétend, qu'à en introduire l'uſage continuel, & à en rendre la pratique journalière, propre & commode à tout le monde.

Non-ſeulement il eſt très-utile de ſupprimer toutes les Foſſes d'aiſances, mais auſſi très-facile d'en abolir l'uſage.

On a déja l'expérience que pendant la durée de leur vidange ou de leur reconſtruction, on eſt forcé de s'en paſſer; alors on y ſupplée par un tonneau qu'on place ſous la chûte, & que l'on renouvelle autant de fois qu'il en eſt beſoin.

A la vérité, ce moyen eſt très-déſagréable, mais il ne l'eſt que par le défaut de perfection dont il eſt ſuſceptible, & parce qu'on ne l'a employé jusqu'à présent, que comme un expédient momentané.

Mais qu'au lieu d'un tonneau, on établisse sous la chûte des sièges un réservoir qui y soit joint hermétiquement ; qu'il soit d'une matière impénétrable aux odeurs, & invariable aux impressions de la sécheresse & de l'humidité ; qu'il soit assez grand pour y rester au moins quinze jours, & assez petit pour être transporté par deux hommes ; que lorsqu'il sera plein, il puisse être promptement & exactement bouché ; qu'il puisse être déplacé facilement pour être remplacé de même par un autre pareil ; qu'il soit transporté à la décharge, & remis à côté de son pareil pour le remplacer à son tour ; & qu'ils fassent ainsi à eux deux tout le service, & l'on reconnoîtra bientôt l'inutilité des Fosses d'aisances, & combien cette méthode d'exporter les matières méritera la préférence. On a déja préſenté à la Société d'Emulation l'idée d'un coffre de bois ambulant, fait pour contenir les matières dans chaque appartement, & les tranſporter aux décharges. Ce projet qui n'a pas été connu, n'a pas eu lieu, quoique ingénieux pour quelques particuliers qui l'auroient mis en uſage. Mais il n'étoit pas admiſſible pour le général, en ce que ſa forme ne pouvant s'adapter à la diſpoſition actuelle des poteries dans toutes les maiſons, il auroit occaſionné beaucoup de dépenſe; qu'étant de bois, il auroit bientôt tranſmis l'odeur au-dehors, & pluſieurs autres inconvéniens auxquels celui-ci n'eſt pas ſujet.

C'eſt préciſément la perfection de ce réſervoir & le moyen de le déplacer, tranſporter, & replacer facilement & promptement, que le ſieur Goulet vient d'imaginer pour que les matières ne ſoient jamais ſenties ni apperçues de qui que ce ſoit, pas même de ceux qui en feront le ſervice.

Ce réſervoir eſt de cuivre bien étamé & imprimé dehors & dedans par-deſſus l'étamage, de deux ou trois couches de peinture à l'huile, pour préſerver le métal de l'action corroſive des urines; il eſt preſque cylindrique, & a dix-huit pouces de diamètre en la hauteur d'environ deux pieds, où il ſe diminue en forme de bouteille, & ſe termine par un collet auſſi preſque cylindrique de neuf pouces de diamètre & de trois pouces de haut, ce qui lui donne trois pieds de hauteur totale.

Au bas de ce collet en-dehors eſt une eſpèce d'aſtragale ou collier, pour recevoir un couvercle auſſi de cuivre qui le ferme hermétiquement d'une manière très-ſimple & très-prompte.

Suivant ces dimenſions, il peut contenir quatre pieds cubes, & peſer, étant plein, environ trois cents livres.

Ce réfervoir eft pofé fur un plateau de bois rond, de deux pieds de diamètre, fixé par quatre vis de fer à écrous fur un châffis auffi de bois horizontalement pofé, au milieu duquel eft affemblée par-deffous l'extrémité d'une vis de preffe en bois, d'environ deux pieds & demi de long, & trois pouces de diamètre, qui defcend verticalement dans deux écrous entre deux jumelles, de manière qu'en la tournant, elle fait monter & defcendre le plateau, & conféquemment le réfervoir qui eft deffus.

Au-deffus du réfervoir, à neuf pouces de diftance de fon extrémité fupérieure, eft un tuyau d'ajuftage auffi de cuivre, qui reçoit & termine la chûte; ce tuyau eft fcellé dans le plancher fupérieur, ou folidement arrêté par des ceintures avec le mur joignant.

Il a environ deux pieds de long, & forme sur cette longueur deux petits coudes très-adoucis, pour mieux raccorder ses deux extrémités avec la chûte au-dessus qui joint le mur, & avec le réservoir au-dessous qui en est isolé ; il a neuf pouces de diamètre par-tout, excepté vers l'extrémité inférieure qui est un peu resserrée en six pouces de haut pour faciliter son entrée dans le réservoir.

En cet endroit du tuyau où il commence à se resserrer, c'est-à-dire, à six pouces près de son extrémité inférieure, est rapporté & soudé par un bord seulement, & au pourtour extérieur dudit tuyau, une virole de cuivre, de trois pouces & demi de haut, qui s'évase un peu vers le bas, & laisse un petit espace entre elle & le tuyau, pour recevoir comme dans une espèce de fourreau, le collet du réservoir lorfqu'on le remonte verticalement en tournant la vis.

Et quand il touche le fond de cet espace, le réservoir se trouve très-exactement joindre le tuyau d'ajustage en trois manières; savoir, par le serrement de la surface intérieure au collet sur le tuyau, avec lequel il est ajusté au sable, & par les deux pressions du bord du collet au fond de son fourreau, & du bord de la virole sur le collier, auquel on peut encore ajouter une rondelle de cuir.

Il y a même encore quelques détails de construction, tendans à la plus grande perfection de cette pièce, dont on fera sentir l'importance aux ouvriers qui la feront, mais dont la description seroit trop longue & minutieuse; ainsi, le tout demeure en cet état, tant que le réservoir est à s'emplir; & lorsqu'il est plein, on détourne la vis, & le réservoir baisse tout seul : quand il est assez bas au-dessous du tuyau, pour passer le couvercle qui n'a que trois pouces de haut, on le place dessus, & le réservoir est encore très-exactement fermé en moins d'une seconde, seul tems où les matières restent à l'air ; & alors le plateau se trouvant à la hauteur du sol, on dérange le réservoir plein de dessus, & on met le vide à sa place, on tourne la vis qui fait remonter l'autre réservoir, & entrer le collet dans son fourreau, qui repose en même tems sur le collier garni de cuir ; après quoi deux hommes le sortent dans la rue, où un traîneau le reçoit & le conduit à la décharge : les ouvriers qui y sont continuellement occupés, le vident à la manière ordinaire, le passent au lavoir, s'il en est besoin, & le même traîneau le ramène.

Nota. Comme cette description pourroit n'être pas encore suffisante pour parvenir à une parfaite exécution, le ſieur Goulet ſe chargera pour tous ceux qui le déſireront de faire établir ces réſervoirs, dont la conſtruction exige quelques ſoins, & de diſpoſer les lieux convenablement; on pourra auſſi voir ceux qu'il a fait établir pour lui dans ſa maiſon rue Quincampoix, & dont il fait uſage avec ſuccès.

Par ce nouveau procédé, il eſt bien conſtant que les matières ne ſeront jamais vues ni ſenties par qui que ce ſoit, dans les maiſons ni dans les rues, puiſque le vaſe qui les contiendra ſera bien fermé; qu'il ſera d'une matière impénétrable aux odeurs, invariable aux impreſſions de la ſéchereſſe & de l'humidité, & qu'on n'aura jamais beſoin de le tranſvaſer; objet bien eſſentiel.

Il n'eſt pas moins conſtant que la manutention en ſera ſi ſimple, ſi prompte & ſi facile, que le premier ſujet qui ſe trouvera dans la maiſon, comme porteur d'eau, portier ou autre domeſtique, le maître de la maison même, s'il le veut, pourra sans répugnance & sans peine faire ce petit travail, puisqu'il ne sera question que de faire baisser le réservoir en tournant le plateau, & poser aussitôt le couvercle au-dessus.

Mais il n'y a pas à douter que si cette méthode est adoptée du public, comme il est à souhaiter, les propriétaires s'abonneront avec un voiturier, qui viendra au jour indiqué changer lui-même le réservoir, l'emmenera à la décharge, & le ramenera.

Plus cet usage deviendra général, & plus il deviendra facile & à meilleur compte.

Ce service ne sera pas plus difficile à faire faire tous les quinze jours, ou même toutes les semaines, s'il le falloit, que celui de l'illumination des rues, ou de l'enlèvement des boues, que celui du blanchissage du linge, ou que celui de l'eau qu'on se fait apporter tous les jours, dont on fait une ſi grande conſommation, & dont on n'a cependant qu'une bien petite proviſion chez ſoi.

Le blanchiſſage exige certainement beaucoup plus de ſoins & d'embarras de la part des bourgeois de Paris, que ce ſervice n'en exigera jamais ; & ſi ces établiſſemens & pluſieurs autres n'étoient pas en uſage, comme ils le ſont, & qu'on les propoſât comme des nouveautés, ils offriroient bien plus d'obſtacles & d'inconvéniens que celui dont il s'agit. Les différens uſages adoptés par chaque peuple pour ſatisfaire les mêmes beſoins communs à tous les hommes, prouvent bien que ce que l'on regarde ſouvent comme impoſſible ou difficile, n'eſt qu'un défaut d'habitude, ou l'effet d'une habitude contraire.

Ces réſervoirs pourront ſe placer preſque par-tout, ſoit au rez-de-chauſſée dans des cabinets deſtinés à cela, ou dans des écuries, remises, buchers ou autres lieux peu importans, soit dans les caves, soit même dans de petits entresols; ce qui rendra cette méthode infiniment commode à la distribution des appartemens, en ce que, au lieu d'avoir les sièges à plomb de la fosse, comme on y est forcé, quant à présent, & ce qui ne s'accorde pas toujours avec le local des appartemens supérieurs, on pourra les placer beaucoup plus avantageusement.

Enfin, ce nouveau procédé sera pour les propriétaires des maisons, d'une très-grande économie.

Ils n'auront plus de fosse à faire ou à entretenir, ni de vidange à payer; ils auront seulement ces deux réservoirs & leurs accessoires à établir une fois; & pour tous frais, le transport, à raison de deux sols le pied cube tout au plus, au lieu de six sols & demi qu'on le paye au ventilateur; car chaque réservoir contenant quatre pieds cubes, ſix de ces réſervoirs qui feront vingt-quatre pieds cubes pourront être menés à la fois par un traîneau ordinaire de trois pieds ſur cinq pieds ; & en y ſuppoſant deux chevaux, cette voiture ne peut pas coûter plus de quarante-huit ſols.

Encore ſera-t-il poſſible, & peut-être néceſſaire que les principaux locataires en ſoient chargés par leurs baux, ainſi que de l'entretien des réſervoirs, qui pourra conſiſter dans une couche de peinture ou deux par an, pour en conſerver plus long-tems l'étamage, puiſque l'expérience prouve encore actuellement qu'un pareil vaiſſeau ainſi peint à deux couches, dans lequel ſéjournent des matières depuis ſix mois, n'a encore éprouvé aucune altération ; & comme tout prend fin, lorſqu'ils ſeront uſés au point d'être refaits à neuf, leur matière aura toujours une valeur

qui

qui rendra cette dépense bien peu considérable.

Mais parmi tous les avantages que ce nouveau projet paroît offrir au public, n'a-t-il pas encore quelques inconvéniens? & le tort qu'il pourroit faire à certains particuliers seroit-il suffisant pour en empêcher l'exécution?

C'est ce qu'il faut examiner.

Le premier objet qui paroît se présenter tel, c'est la compagnie du ventilateur sous le nom Lartois, qui, le Roi venant de lui accorder un privilège pour quinze années, à compter du 11 mai 1779, a fait en conséquence de cette entreprise un établissement considérable de voitures, machines & ustensiles; s'est chargée d'un grand local pour contenir des bureaux, des magasins & des ateliers; & en raison de cette dépense, a dû ou pu contracter des engagemens assez forts pour ne pouvoir être remplis que dans tout le cours de ſon privilège ; après leſquels engagemens remplis, il doit encore recueillir les fruits de ſon travail. Or, il n'y a encore que ſix années d'écoulées ; & le Roi, dont la promeſſe eſt ſacrée, ne peut, en quelque ſorte, ſouffrir que ce privilège n'ait pas ſon entière exécution.

Rien ne ſeroit ſi ſimple que de répondre au ſieur Lartois, que le Roi ne lui doit l'exécution du privilège qu'il lui a accordé qu'autant qu'il en remplira les conditions, qui ſont, que les vidanges ſeront faites ſans mauvaiſe odeur, commencées ſans délais & ſuivies avec la plus grande diligence poſſible, ce qu'il ne fait pas à beaucoup près, puiſque l'on ſent de fort loin toutes ſes vidanges, que les voitures qui les charient, laiſſent après elles des traces très-ſenſibles, non-ſeulement dans l'air, mais encore ſur le pavé, & qu'il faut toujours attendre, murmurer & ſouffrir plus d'un mois, avant d'obtenir un travail qui se fait souvent fort mal, & dont les plaintes continuelles du public attestent la vérité.

Mais le Roi, dont la bonté égale toujours la justice, ne voudra pas que le sieur Lartois soit victime du zèle & de la bonne intention qu'il a eue d'être utile au public; persuadé, comme tout le monde doit l'être, qu'il a fait de son mieux, il faut donc trouver un moyen de concilier les intérêts du public avec ceux des particuliers, & heureusement il en existe un tout naturel, & même de nécessité.

En adoptant l'usage des réservoirs ambulans, il est très-important pour l'épurement de l'eau des puits, & pour la sûreté des habitans, que toutes les Fosses soient vidées, que les voûtes en soient démolies, & que celles dont on ne fera pas d'usage en cave soient comblées, parce que, non-seulement l'air méphitique qu'elles répandroient continuellement feroit très-dangereux ; mais auffi n'étant plus en ufage, on les oublieroit ; & venant à dépérir par fucceffion de tems, elles furprendroient beaucoup de perfonnes, & cauferoient de très-grands accidens.

Or, toutes les Foffes de Paris étant à vider, ce fera l'ouvrage de plufieurs années, au moyen de quoi l'Entrepreneur actuel fera fuffifamment occupé & affez long-tems pour jouir de fon privilège, & en retirer l'avantage qu'il s'eft propofé, & même au-delà, en ce que n'étant pas forcé par les preffantes follicitations du public, d'en entreprendre à la fois plus qu'il ne pourra, il en retirera un plus grand avantage. Tous les Entrepreneurs favent combien les affaires qui fe font à loifir, font plus productives que celles qui font précipitées ; fes équipages lui ferviront tout le tems qu'ils pourront durer, & il pourra fe défaire avantageufement de ceux qu'il aura de trop, à mesure que ses travaux diminueront.

Ensorte que cette nouvelle méthode ne peut donc lui faire aucun tort.

Une seconde espèce de particuliers qui pourroient aussi réclamer contre ce nouveau procédé, ce sont les propriétaires de maisons qui ne font jamais vider leurs Fosses, parce que, dit-on, les matières se perdent dans les terres. A la vérité, l'usage des réservoirs sera pour eux une dépense nouvelle & de surcroît; mais outre que cette économie annuelle leur prépare immanquablement quelque jour une dépense capitale de reconstruction, & peut-être quelque fâcheux événement, on est aussi bien en droit de leur reprocher cet avantage dont ils ne jouissent qu'au grand préjudice de leurs voisins, qui reçoivent chez eux, soit dans leurs puits, soit dans leurs fosses, leurs matières prétendues perdues, & en paient même la vidange ſans le ſavoir, depuis un tems immémorial; que d'ailleurs, leurs Foſſes n'en ont pas moins tous les autres inconvéniens qu'on a vus ci-devant; que le nouveau procédé étant infiniment plus avantageux pour le public en général, ces Foſſes doivent être indiſpenſablement ſupprimées comme toutes les autres; & que c'eſt bien le cas ou jamais, de ſacrifier un petit intérêt particulier pour un bien général.

On ne peut trop le répéter, l'heureux gouvernement ſous lequel nous vivons aujourd'hui, le ſentira ſans doute encore mieux que nous, & nous n'avons pas à craindre dans notre ſiècle ce qui arriva en 1470, & qu'on ne peu citer que dans ces tems reculés, lorſque des Allemands apportèrent les premiers l'Imprimerie en France. Le peuple ignorant & groſſier les prit pour des ſorciers, & les copiſtes qui gagnoient leur vie à tranſcrire des manuſcrits, présentèrent requête contre eux au Parlement, qui fit saisir & confisquer tous leurs livres. De très-petits intérêts eussent alors prévalu sur un grand bien, & peut-être serions-nous encore privés de ce précieux avantage, si le Roi Louis XI n'eut évoqué cette affaire à son Conseil, & fait payer aux Allemands le prix de leurs ouvrages.

C'est cet espoir flatteur, & notamment la circonstance favorable où M. le Baron de Breteuil, Ministre sage, savant & respectable, paroît s'occuper plus que jamais de procurer à la ville de Paris la salubrité de l'air, les commodités, & l'embellissement dont elle est susceptible en y construisant des marchés, en fixant la hauteur des maisons, élargissant les rues, & y établissant des fontaines, qui ont enhardi le sieur Goulet à mettre au jour ses réflexions & ses idées.

Elles lui ont paru si propres à contribuer pour beaucoup à un ſi beau projet, que ſon zèle ſeul pour le bien public lui a fait ſurmonter la répugnance extrême qu'il avoit à ſe faire imprimer, & en même tems oublier ſon intérêt perſonnel, puiſque par état la conſtruction des Foſſes d'aiſances & leur rétabliſſement lui ont valu quelque argent.

Mais comme par état auſſi, il ſe croit voué à l'intérêt des propriétaires des maiſons, pour leſquels plus particulièment il écrit; il eſpère que faiſant grace à ſa témérité, ils lui ſauront gré de ſon déſintéreſſement & de ſes vues patriotiques, & qu'ils contribueront de tout leur pouvoir à l'exécution d'un projet qui leur eſt ſi avantageux.

Il eſt poſſible & permis aux particuliers qui le déſireront, d'employer ce moyen chacun dans leurs maiſons, ſans le ſecours du miniſtère, ni d'aucun vidangeur, maître ou privilégié, puiſque les bourgeois ont de tout tems ce privilège de pouvoir faire faire pour leur compte tout ce qu'ils ont besoin, pourvu que ce soit sans aucun lucre & par des ouvriers à leur solde. Mais le public n'y gagneroit presque rien ; & pour que cette nouvelle méthode devienne plus efficacement & plus promptement un bien général, il est fort à désirer que le Roi daigne accorder à cet établissement sa protection & l'appui de son autorité, pour que tous les propriétaires de maisons soient tenus dans un délai prescrit de faire leur déclaration à tel bureau qui sera indiqué, de toutes les Fosses qui sont dans leurs maisons, afin qu'elles soient vidées à tour de rôle par la compagnie du ventilateur, en donnant toujours la préférence à celles qui seront pleines, ou en péril, ou qui empêcheroient quelques bâtisses ; que la Chambre des Bâtimens en fasse faire la visite par des

Commiſſaires qu'elle nommera à cet effet pour conſtater les périls ſi aucuns il y a ; & ſur leur rapport, ordonner la démolition deſdites Foſſes, ou ce qui ſera néceſſaire pour éviter les accidens.

Et à l'égard des nouveaux réſervoirs, qu'ils ſoient tous conſtruits & diſpoſés, conformément aux intentions de l'auteur, & de manière à ne procurer aucun odeur dans les maiſons, ni dans les rues ; que le nom des propriétaires & celui de la rue où ils ſeront établis, ſoient gravés ſur chacun d'eux, afin que dans le cas où ils ſeroient défectueux ou mal fermés, les propriétaires en ſoient connus, & puiſſent être reſponſables des contraventions au bon ordre & aux lois de la police.

Les décharges actuellement établies, exigeroient auſſi quelques changemens convenables aux nouveaux réſervoirs, ou plutôt une perfection qui leur eſt nécessaire dans tous les cas, pour en rendre l'arrivée moins périlleuse, plus propre & plus commode au service.

Le lavoir qui, quant à présent, n'est autre chose qu'un puits, dont l'eau arrive dans des tonneaux par deux sceaux qu'un moulinet fait mouvoir, a aussi le plus grand besoin d'être construit de manière à pouvoir laver complétement & le plus promptement possible les réservoirs qu'on y ameneroit, ou même les tinettes si elles avoient toujours lieu; car il est impossible qu'avec une brosse qu'un homme trempe dans le tonneau, & dont il mouille précipitamment quelques endroits de la tinette, ainsi qu'il se pratique tous les jours, il parvienne à nettoyer des vases aussi sales & en aussi grand nombre.

La nouvelle méthode proposée devant nécessairement amener aux décharges, non pas plus de matières qu'à l'ordinaire, puisqu'elle ne peut en augmenter la quantité, mais ſeulement un plus grand nombre de voitures ; il pourra être très-utile d'y établir un ordre de Police, tant pour aſſigner le tour à chacun des arrivans, que pour obliger les ouvriers vidangeurs (alors les ſeuls) ou les laveurs, à ſervir le public exactement & pour un prix ſixe. Un Corps-de-Garde même y ſeroit d'autant plus néceſſaire dès à préſent, que ce lieu écarté & inhabité de preſque tous les humains, non-ſeulement inſpire la terreur & la crainte par ſa ſolitude, ſon aridité, ſes précipices affreux, & les objets ſiniſtres & dégoûtans qui l'environnent, mais parce qu'il laiſſe effectivement les gens qui y ont affaire en proie aux accidens.

Mais comme ces opérations ne ſont pas à la portée des particuliers, & qu'elles dépendent du gouvernement, toujours trop attentif aux beſoins du public pour lui laiſſer rien déſirer ; le ſieur Goulet attendra pour préſenter ſes idées ſur les moyens qu'il croit les plus convenables pour la conſtruction d'un lavoir, & la diſpoſition des décharges, qu'il reçoive des ordres particuliers du miniſtère, dans le cas toutefois où ſon projet ſeroit favorablement accueilli.

BIBLIOTHÈQUE ROYALE

FIN.

www.ingramcontent.com/pod-product-compliance
Ingram Content Group UK Ltd.
Pitfield, Milton Keynes, MK11 3LW, UK
UKHW021650260726
13994UKWH00003B/1386

9 782329 440651